Les oiseaux comme indicateurs de la qualité de l'environnement

Ângela Neta Dias dos Santos
Mariluce Messias

Les oiseaux comme indicateurs de la qualité de l'environnement

Études sur les fragments de forêt dans l'État de Rondônia

ScienciaScripts

Imprint

Any brand names and product names mentioned in this book are subject to trademark, brand or patent protection and are trademarks or registered trademarks of their respective holders. The use of brand names, product names, common names, trade names, product descriptions etc. even without a particular marking in this work is in no way to be construed to mean that such names may be regarded as unrestricted in respect of trademark and brand protection legislation and could thus be used by anyone.

Cover image: www.ingimage.com

This book is a translation from the original published under ISBN 978-3-330-75853-7.

Publisher:
Sciencia Scripts
is a trademark of
Dodo Books Indian Ocean Ltd. and OmniScriptum S.R.L publishing group

120 High Road, East Finchley, London, N2 9ED, United Kingdom
Str. Armeneasca 28/1, office 1, Chisinau MD-2012, Republic of Moldova, Europe

ISBN: 978-620-8-30221-4

Copyright © Ângela Neta Dias dos Santos, Mariluce Messias
Copyright © 2024 Dodo Books Indian Ocean Ltd. and OmniScriptum S.R.L publishing group

RÉSUMÉ

DEDICATOIRE	2
REMERCIEMENTS	3
RÉSUMÉ	4
INTRODUCTION	5
1 OBJECTIFS	13
2 MATÉRIEL ET MÉTHODE	14
3 RÉSULTATS	20
4 DISCUSSION	26
CONCLUSION	31
RÉFÉRENCES	32
ANNEXE I	38
ANNEXE II	41

DEDICATOIRE

Je dédie cette monographie à ma famille et à mon ami Diego Meneguelli".

REMERCIEMENTS

À ma mère, Maria da Glòria Dias de Jesus, qui, même si elle était loin, n'a jamais cessé de croire en mon potentiel et m'a toujours donné la force dont j'avais besoin sur mon chemin.

À mes frères et sœurs, qui m'ont donné tout leur amour et leur attention, ainsi que de nombreux moments de détente.

À mon petit ami, Diego Meneghelli, pour son aide précieuse : conseils et corrections apportés à ce travail, en tant que second "conseiller" pour moi. Il a également été la personne qui a toujours cru en la réalisation de mes rêves. Mais surtout, je te remercie pour ton amour, ta compagnie inconditionnelle, ta compréhension et ta force dans les moments de découragement. Merci beaucoup ! Je t'aime beaucoup !

À mes amis, qui sont considérés comme des frères, Elvis Brambilla (Pinscher enragé), Liria Daiane (Pé de coco), Amanda Teixeira (A preta) et Ravena Mendonça, qui, lorsque la situation financière était difficile, préparait toujours de la "soupe pour nous" (lol). Toutes ces personnes ont été très présentes dans ma vie pendant ces quatre années. Je leur serai toujours reconnaissante pour tout ce qu'elles ont fait pour moi.

A mon superviseur, le Dr Mariluce Rezende Messias, qui m'a permis de mener à bien ce travail.

RÉSUMÉ

Le processus de déforestation dans les zones forestières peut conduire à la formation de fragments isolés, ce qui, pour la plupart des oiseaux, est un facteur très important, car de nombreuses espèces sont incapables de se déplacer vers d'autres fragments trop éloignés, ce qui empêche le flux d'individus entre les fragments et peut, au fil du temps, réduire la variabilité génétique des populations. L'objectif principal de cette étude était d'évaluer l'état de conservation de quatre fragments forestiers en utilisant les guildes trophiques des oiseaux recensés comme bioindicateurs. Les fragments ont été nommés F1 (environ 335 ha), F2 (environ 217 ha), F3 (environ 538 ha), situés sur la rive droite de la rivière Madeira, et F4 (environ 308 ha), situés sur la rive gauche de la rivière Madeira, tous dans la municipalité de Porto Velho/RO. L'étude a été réalisée entre janvier et février 2013 et a utilisé la méthode des points d'observation. L'effort d'échantillonnage a duré 14 jours, totalisant 112 heures effectives d'observation. 210 points de 20 minutes chacun ont été réalisés. L'espacement minimum entre les points était de 100 mètres. Les observations ont eu lieu le matin et en fin d'après-midi, à l'aide de jumelles et d'un appareil photo numérique. Sur l'ensemble des milieux étudiés, 133 espèces d'oiseaux ont été recensées, réparties dans 31 familles et 19 ordres. Les guildes trophiques les mieux représentées sont les omnivores et les insectivores, avec 24% du total des espèces enregistrées dans tous les fragments analysés. En général, on peut considérer que ces fragments ont une qualité environnementale réduite, car ces guildes, en particulier les omnivores, représentent des espèces capables de s'adapter à différents régimes alimentaires dans différentes conditions environnementales, ce qui les rend de plus en plus abondantes dans les environnements fragmentés.

Mots clés :

Avifaune, guildes trophiques, bioindicateurs, fragmentation, Rondônia.

INTRODUCTION

L'Amazonie est la plus grande forêt tropicale humide du monde et couvre une grande partie de la région nord du Brésil, occupant près de la moitié (49,29%) du territoire brésilien, l'une des raisons pour lesquelles le Brésil est un champion de la biodiversité, en tête de la liste des pays mégadivers (VIEIRA, 2006). Ce biome couvre entièrement cinq états (Acre, Amapâ, Amazonas, Parâ et Roraima), presque entièrement Rondônia (98,8%) et partiellement les états de Mato Grosso (54%), Maranhao (34%) et Tocantins (9%) (AMBIENTE BRASIL, 2011). Elle est dominée par un climat chaud et humide (avec une température moyenne de 25 °C) et par des forêts. Elle connaît des pluies torrentielles bien réparties tout au long de l'année et des rivières au débit intense (AMBIENTE BRASIL, 2011).

Le processus d'occupation de l'Amazonie a déclenché une série de facteurs qui ont conduit à la déforestation, notamment l'expansion de l'élevage de bétail et de la frontière agricole, l'industrie du bois, les projets de colonisation, l'ouverture de nouvelles routes et d'autres infrastructures, le système d'octroi des droits d'occupation, la croissance démographique, la spéculation foncière et la croissance économique régionale, entre autres (ANGELO & SA, 2007 ; MARGULIS, 2003).

Les causes de la déforestation accélérée en Amazonie sont multiples, y compris la construction récente de grands barrages hydroélectriques (obs. pers.).

Si l'on considère la déforestation cumulée au cours des six mois de l'actuel calendrier de déforestation (août 2012 à janvier 2013), le Pará est en tête du classement avec 49 % du total déboisé. Il est suivi par le Mato Grosso avec 23 %, le Rondônia avec 13 % et l'Amazonas avec 12 %. Ces quatre États sont responsables de 97 % de la déforestation de l'Amazonie légale au cours de cette période (IMAZON, 2013).

Dans le Rondônia, ce processus de déforestation a commencé avec l'ouverture de l'autoroute BR 364, Cuiabâ/Porto Velho. Depuis 1960, la population de l'État a augmenté plus rapidement que la moyenne nationale. Cette croissance a parfois été vigoureuse, comme entre 1970 et 1980, lorsque la population a augmenté de 16 %, soit plus de cinq fois la moyenne nationale et plus de trois fois la moyenne de la région du Nord (IBGE, 2008). Toute cette croissance démographique était principalement due aux mouvements migratoires des colons de la région méridionale à la recherche de terres agricoles (FEARNSIDE, 2005 ; 2006).

Cependant, en raison d'une gestion inadéquate des sols, de difficultés d'accès au marché et de faibles rendements, la quasi-totalité des surfaces plantées a été convertie en pâturages pour abriter un cheptel bovin en pleine croissance qui compte aujourd'hui environ 12 millions de têtes et occupe près de 6 millions d'hectares plantés de graminées (SEDAM, 2009).

La déforestation a augmenté jusqu'en 2005, mais ce n'est que depuis cette date que l'on observe une baisse des taux (Figure 1) (INPE, 2012). Cependant, il faut garder à l'esprit que dans de nombreuses municipalités de Rondônia, la zone déboisée a déjà dépassé 80 % du territoire municipal (INPE, 2007).

Figure 1. Comparaison du taux de déforestation entre l'État de Rondônia et les États présentant les taux de déforestation les plus élevés

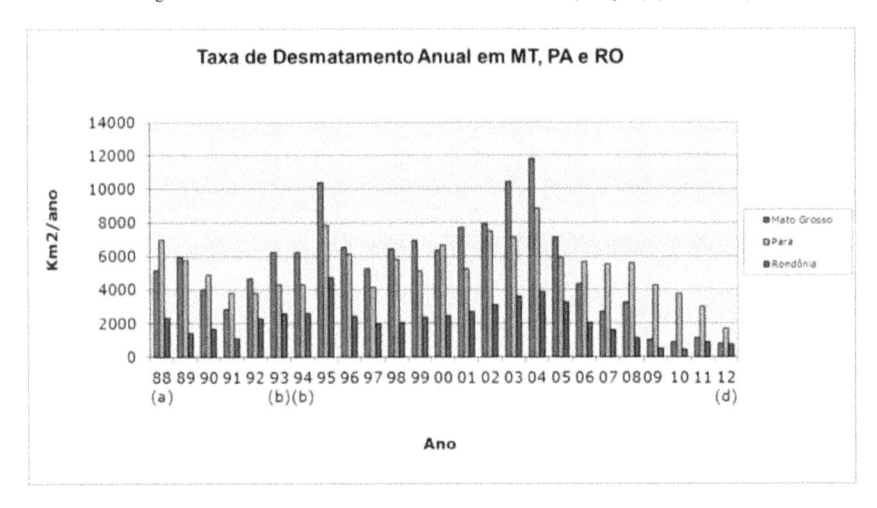

dans l'Amazonie légale : Mato Grosso et Para. Taux consolidés 1988 à 2012 (km2/year) (INPE, 2012).

De toutes les municipalités de l'État de Rondônia, Porto Velho avait le taux de déforestation le plus élevé jusqu'en 2011 (Figure 2), une municipalité qui est actuellement le site de la construction de deux centrales hydroélectriques. Les zones proches de ces constructions sont devenues le centre de l'occupation par les bûcherons et les agriculteurs familiaux, avec une augmentation significative de la déforestation au cours des dernières années (obs. pers.).

Figura 2. Situation de la déforestation pour les 10 municipalités les plus déboisées de Rondônia de 2000 à 2011 (INPE, 2012). Source:< http://www.dpi.inpe.br/prodesdigital/prodesmunicipal.php> Consulté en février 2013.

Répartition des 86114,8 km2 de DEFORESTATION jusqu'en 2011 en RO

Municipalité	km2
Porto Velho/RO	(6124.6)
Ariquemes/RO	(3180.0)
Nova Mamoré/RO	(2914.4)
Machadinho d'Oeste/RO	(2867.9)
Chupinguaia/RO	(2639.2)
Jaru/RO	(2615.3)
Ji-Paraná/RO	(2609.4)
Cacoal/RO	(2493.7)
Pimenta Bueno/RO	(2379.0)
Buritis/RO	(2248.3)

Un autre point important est qu'en 2010 a commencé la construction du pont sur la rivière Madeira qui reliera Rondônia aux États d'Amazonas et de Roraima via la BR-319, qui devrait être achevée début 2013, ce qui facilitera le trafic vers la rive gauche de la rivière, où il y a déjà un processus de spéculation immobilière et d'expansion urbaine sur cette rive. De ce fait, il est certain que le taux de déforestation dans cette région sera élevé dans les années à venir (obs. pers.).

En outre, le conseil municipal (Concidade), lors d'une réunion extraordinaire, a approuvé le changement proposé par l'exécutif municipal dans le plan directeur de la ville, afin que la municipalité puisse construire les maisons pour les familles qui seront relogées en raison de la construction du pont sur la rivière Madeira (obs. pers.).

Avec l'approbation de la modification par le conseil, l'exécutif soumettra un projet de loi supplémentaire au conseil municipal pour étendre le périmètre urbain de la municipalité, de sorte que la zone située de l'autre côté de la rivière fasse partie du périmètre urbain. Le projet de loi déclare que la zone située sur la rive gauche de la rivière Madeira est une zone d'expansion urbaine.

Le projet prévoit également la création d'une zone spéciale d'intérêt social (ZEIS) et l'élaboration d'un projet de régularisation foncière d'intérêt social, en tenant compte des caractéristiques de l'occupation et de la zone à occuper, où des paramètres urbanistiques et environnementaux spécifiques seront définis, Outre l'identification des parcelles, des voies de circulation et des zones destinées à l'usage public (JORNAL GENTE DE OPINIÂO, 2012), tout cela signifie que la municipalité perdra de grandes zones de terres précédemment boisées le long de la rive gauche de la rivière Madeira.

Une conséquence directe et inévitable de la déforestation dans la municipalité de Porto Velho est la fragmentation de la forêt, un phénomène largement répandu associé à l'expansion des frontières du développement humain (VIANA et al., 1997). La vitesse à laquelle l'homme modifie les paysages naturels est des milliers de fois supérieure à la dynamique de perturbation naturelle des écosystèmes (TABARELLI & GASCON, 2004).

La fragmentation est une forme de couverture dans laquelle de grandes zones de forêt sont remplacées par des mosaïques irrégulières, généralement asymétriques, de forêts restantes et de la couverture végétale par laquelle la forêt a été remplacée (LAURENCE & BIERREGAARD, 1997 ; SKOLE & TUCKER, 1997). BIERREGAARD, 1997), ce qui constitue l'un des paysages caractéristiques des forêts tropicales actuelles (LAURENCE & BIERREGAARD, 1997 ; SKOLE & TUCKER, 1993 ; TABARELLI & GASCON, 2004). Cette fragmentation du paysage affecte directement les processus écologiques (LAURENCE et al., 1997), hydrologiques et climatiques (AVISSAR & PIELKE, 1989 ; GIAMBELLUCA et al., 2003 ; KAPOS, 1989) des écosystèmes.

Le processus de déforestation dans les zones forestières peut conduire à la formation de fragments isolés qui fonctionnent comme des "îles" de forêt entourées d'habitats non forestiers (PÉRICO et al., 2005). C'est pourquoi l'étude de la fragmentation de l'habitat était initialement basée sur la théorie de la biogéographie insulaire de MacArthur et Wilson (1967). Cette théorie repose sur le fait que des îles de tailles différentes abritent des nombres différents d'espèces, en raison de la capacité de charge de l'environnement et de la probabilité de colonisation par les espèces, basée sur l'équilibre entre l'extinction et l'immigration (MacARTHUR & WILSON, 1967).

Ainsi, la théorie de la biogéographie insulaire (MacARTHUR & WILSON, 1967) a analysé les déterminants de la richesse en espèces sur les îles et a souligné que de nombreux principes observés sur des archipels éloignés s'appliquent aux habitats insulaires sur le continent. Ainsi, la similitude entre les îles et les fragments forestiers entourés d'un environnement modifié par l'action anthropogénique a stimulé d'autres recherches appliquant certains des principes de la biogéographie insulaire pour expliquer la richesse des espèces dans les fragments forestiers (LAPS, 2006). Cependant, Warburton (1997) et Gimenes & Anjos (2003) ont souligné que l'application de la théorie à cette fin soulève des critiques, car, entre autres problèmes, elle ne fournit pas d'informations sur la composition des espèces que les habitats fragmentés peuvent abriter.

La théorie de la biogéographie insulaire ayant été initialement proposée pour les îles, le facteur d'isolement aurait donc une influence plus forte sur le processus que dans les fragments forestiers (GIMENES & ANJOS, 2003). Cependant, selon Terborgh *et al.* (1997), le degré d'isolement n'affecte pas seulement le nombre d'espèces sur les îles. Les fragments forestiers entourés d'un habitat matriciel très différent de la végétation forestière et isolés d'autres forêts présentent généralement des effets d'isolement similaires à ceux observés sur les îles. Dans le cas des oiseaux, le degré d'isolement est un facteur très important, car de nombreuses espèces sont incapables de se déplacer vers d'autres fragments trop éloignés, en particulier celles qui ont une faible capacité de vol (obs. pers.).

De plus, les clairières autour du fragment peuvent représenter une barrière pour de nombreuses espèces d'oiseaux adaptées à la vie à l'intérieur des forêts, ce qui empêche le flux d'individus entre les fragments et peut, avec le temps, réduire la variabilité génétique de ces populations. En effet, les transitions abruptes entre différents types de végétation représentent une barrière à la dispersion des oiseaux (HAYES, 1995).

La physionomie de la végétation est également un facteur très important pour déterminer la richesse de l'avifaune dans un fragment car, selon Holmes (1990a), elle influence la facilité ou le succès avec lequel les oiseaux peuvent obtenir leurs ressources et plus la variété structurelle de la végétation d'une forêt est grande, plus un grand nombre d'espèces d'oiseaux ont la possibilité de trouver des substrats appropriés pour optimiser leurs activités fondamentales, telles que la recherche de nourriture et la nidification.

Ainsi, la façon dont les oiseaux obtiennent leurs ressources diffère selon les espèces et selon les microhabitats et un oiseau peut avoir un niveau de succès différent selon le substrat et la strate dans lesquels il évolue (HOLMES, 1990a). Ainsi, différentes espèces de plantes et différents schémas de végétation correspondent à différents microhabitats pour les oiseaux dans une forêt (HOLMES, 1990b). La fragmentation peut briser cette variété de microhabitats qui existaient auparavant dans la forêt, entraînant le maintien de certains microhabitats dans un fragment et la disparition d'autres. Les espèces qui ont besoin d'un microhabitat spécifique peuvent disparaître dans les fragments où il n'existe plus et les espèces qui ont périodiquement besoin de microhabitats différents, qui sont maintenant présents dans différents fragments, peuvent être incapables de les atteindre en raison des barrières causées par la fragmentation (WILCOVE & ROBINSON, 1990).

Divers indicateurs écologiques ont été utilisés pour analyser les changements dans l'environnement et dans les études d'impact environnemental pour détecter les changements dans l'état de l'environnement (ANDRADE *et al.*, 2011). Dans ce contexte, les oiseaux sauvages sont reconnus comme les meilleurs bioindicateurs des écosystèmes terrestres, en particulier des écosystèmes forestiers (ANJOS, 2001). Les espèces d'oiseaux occupent de nombreuses niches écologiques et trophiques dans les forêts, allant du sol à la cime des arbres, ce qui permet d'analyser ces environnements (ALMEIDA, 1998).

Une guilde trophique est définie comme un groupe d'espèces qui exploitent la même classe de ressources environnementales de manière similaire (ROOT, 1967). Dans un sens plus restreint, une guilde serait un groupe d'espèces qui se nourrissent de la même ressource alimentaire dans des proportions similaires (POULIN *et al.*, 1994b ; SIMBERLOFF & DAYAN 1991).

Les différents groupes d'oiseaux réagissent différemment aux changements de l'environnement. Ces observations peuvent être faites en utilisant différentes guildes comme indicateurs de la qualité de l'environnement dans les fragments forestiers, car la présence d'oiseaux de la guilde des grands frugivores est un aspect très pertinent et indique la bonne qualité de l'environnement (ALEIXO & VIELLIARD, 1995 ; DARIO, 2008), car les oiseaux de ce type sont très exigeants en termes d'alimentation, nécessitant une forte densité de fruits dans la forêt pour composer leur régime, notamment parce que les oiseaux de cette taille sont incapables de traverser de très grands champs ouverts à la recherche de nourriture, en particulier lorsqu'il n'*y a* pas *d'arbres* dans la matrice adjacente qui peuvent servir de "tremplins". En outre, les espèces de cette guilde favorisent le maintien de fragments forestiers et sont responsables d'une grande partie de la dispersion des graines, contribuant ainsi à leur conservation.

Un autre aspect bien considéré est la présence de carnivores dans les fragments de forêt, car ceux-ci indiquent la présence d'écosystèmes relativement équilibrés, étant donné que les espèces de carnivores sont généralement des prédateurs au sommet de la chaîne alimentaire, qui ont également besoin de vastes zones pour s'alimenter et qui sont affectés par la dégradation et les changements dans l'abondance de leurs proies (ALEIXO, 1999).

La guilde des "insectivores des branches et des troncs", composée des familles Picidae et Dendrocolaptidae, espèces qui ont besoin de cavités pour se reproduire (au même titre que les Psittacidae), lorsqu'elle compte des représentants de plusieurs espèces, indique un milieu forestier de bonne qualité. Ces oiseaux sont des spécialistes et selon Sick (1997), on ne peut pas généraliser les habitudes alimentaires de ces groupes.

Le régime alimentaire des Picidae et des Dendrocolaptidae est principalement composé de larves d'insectes trouvées dans les arbres morts sur pied. La rareté de ces arbres est un facteur limitant pour les espèces de Picidae, Dendrocolaptidae et Psitacidae, dont les espèces forestières nichent exclusivement dans les creux des bâtons (SICK, 1997).

D'autre part, en ce qui concerne les guildes présentes dans un écosystème, il est inquiétant de constater les taux élevés d'omnivores, qui sont des espèces présentant un degré élevé de plasticité face aux impacts causés par les activités humaines dans les paysages altérés et une grande capacité d'adaptation aux environnements altérés, c'est-à-dire qu'elles sont peu exigeantes en ce qui concerne les ressources environnementales (ALEIXO, 1999).

Ainsi, les caractéristiques spécifiques des espèces d'oiseaux les rendent plus ou moins sensibles aux changements d'habitat, déterminant ainsi leur survie ou leur extinction dans les paysages fragmentés (ALEIXO, 1999).

De plus, les résultats d'études menées dans divers écosystèmes ont montré que la compréhension d'une ou de quelques caractéristiques des fragments ne suffit pas pour comprendre ou prédire comment l'avifaune sera affectée (GIMENES & ANJOS, 2003). Il est donc essentiel de comprendre les différents facteurs qui interagissent en permanence et doivent toujours être considérés ensemble, tels que l'effet de bord, la taille, la forme, la matrice adjacente, ainsi que le degré d'isolement des fragments (ALEIXO, 2001 ; MMA/SBF, 2003).

La lisière d'un fragment ou d'une formation végétale peut être définie comme la zone de contact entre un habitat naturel et un habitat anthropisé. Ainsi, plus la proportion de la lisière par rapport à la superficie d'un fragment est importante, plus la zone centrale, qui est la zone effectivement préservée et la plus proche de la végétation originelle de la région, est petite (MMA/SBF, 2003).

La première réponse à la création d'une lisière est la modification du microclimat, qui peut affecter la survie et la reproduction des populations. Au niveau des lisières, l'humidité du sol et de l'air diminue, tandis que la température du sol et de l'air et l'incidence de la lumière augmentent, tout comme le déficit de vapeur d'eau et la vitesse du vent (MMA/SBF, 2003). La portée de l'effet de lisière ne fait pas l'objet d'un consensus dans la littérature et dépend de divers facteurs locaux, mais il peut être observé jusqu'à 400 mètres de la lisière de la forêt vers l'intérieur (SILVA *et al.*, 2012).

Les changements dans le microclimat de la lisière créent des conditions pour l'établissement d'espèces différentes de celles qui étaient présentes avant la création de la lisière. Ces conditions favorisent l'établissement d'espèces mieux adaptées à la plus grande incidence de la lumière, au détriment des espèces du sous-étage (MMA/SBF, 2003). Il peut en résulter une communauté d'oiseaux de lisière différente de celle qui se trouve à l'intérieur du fragment, c'est-à-dire que les effets de la fragmentation de l'habitat sur les espèces sont différents (MMA/SBF, 2003).

La taille d'un fragment d'habitat peut avoir un effet direct sur la survie des populations d'oiseaux. Plus le fragment est petit, plus l'influence des facteurs externes est grande. Dans les petits fragments, la dynamique de l'écosystème est probablement déterminée par des forces externes plutôt qu'internes. Parce qu'ils sont plus petits en superficie, les petits fragments abritent également de petites populations qui ne sont souvent pas viables pour le maintien de l'espèce (MMA/SBF, 2003).

Différentes études ont souligné la plus grande intensité des effets de lisière dans les petits fragments. La taille du fragment (et de l'habitat) est un facteur important dans la dynamique des populations et les effets de lisière peuvent encore réduire la surface effective du fragment pour certaines espèces (MMA/SBF, 2003).

Outre l'analyse de la taille de chaque fragment, il est essentiel d'analyser la forme de ces fragments. La forme d'un fragment d'habitat affecte directement le rapport entre le périmètre et la surface du fragment. Plus ce rapport est faible, plus la lisière est petite et plus il est élevé, plus la lisière est grande (MMA/SBF, 2003).

Les fragments d'habitat qui sont plus proches d'une forme circulaire ont un rapport bord/surface minimisé et, par conséquent, le centre de la zone est plus éloigné des bords et, par conséquent, plus protégé contre les facteurs externes. Les zones plus déchiquetées (invaginées) présentent une proportion plus élevée d'arêtes que les zones moins déchiquetées (MMA/SBF, 2003) (figure 3). La part de la surface d'un fragment représentée par la bordure est donc une conséquence directe de cette relation.

Figura 3. Diagramme montrant un exemple de zone moins déchiquetée (moins invaginée) et de zone plus déchiquetée (plus invaginée), respectivement. Source : MMA, 2003.

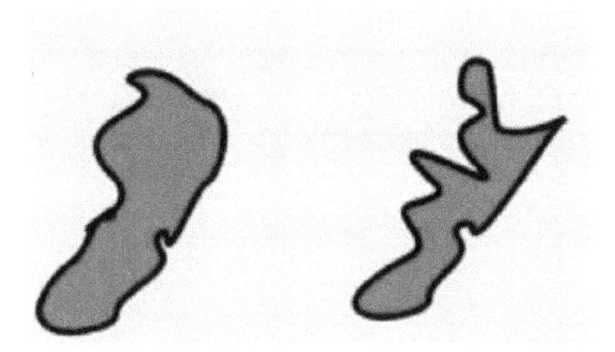

Le terme "matrice" fait référence à la mosaïque d'habitats autour du fragment qui ont été modifiés par l'homme, tels que les pâturages, les cultures, les systèmes agro-forestiers (SAF), les plantations ou les forêts en régénération, qui entourent les fragments forestiers (LAURANCE & VASCONCELOS, 2009). La matrice, ainsi que la distance entre les fragments, détermine la possibilité pour différentes espèces de voyager entre les fragments. Cette mosaïque d'habitats autour des fragments peut représenter une barrière pour de nombreuses espèces d'oiseaux adaptées à la vie en forêt, ce qui empêche le flux d'individus entre les fragments et peut, avec le temps, réduire la variabilité génétique de ces populations. En fait, les transitions abruptes entre différents types de végétation représentent une barrière à la dispersion de nombreux oiseaux, en particulier les oiseaux de sous-bois (GIMENES & ANJOS, 2003 ; HAYES, 1995). Selon Goosem (1997), même les clairières linéaires étroites, ouvertes à l'intérieur d'une forêt pour servir de routes, constituent des barrières pour de nombreuses espèces, en particulier celles qui ont une faible capacité de vol et celles qui sont habituées à l'intérieur des forêts.

Par conséquent, le type de matrice entourant les fragments influence la capacité des organismes qui existaient dans l'environnement d'origine à rester dans les fragments restants. Plus la matrice est différente de l'environnement d'origine et plus la distance entre les fragments est grande, c'est-à-dire le degré d'isolement, moins les organismes ont de chances de rester dans les fragments. Ainsi, les espèces qui ne peuvent pas traverser la matrice pour aller d'un fragment à l'autre sont plus sujettes à l'extinction locale. Plusieurs espèces d'oiseaux vivant dans les forêts sont incapables de traverser des environnements altérés (même s'ils peuvent voler), c'est-à-dire qu'ils n'ont pas d'autonomie de vol. Les changements microclimatiques, notamment l'augmentation de la luminosité et la diminution de l'humidité, qui suivent le processus de destruction et de fragmentation, chassent les espèces les plus sensibles du sous-étage. D'autres espèces, qui ont naturellement besoin de vastes zones de végétation originelle pour survivre, ne disposent pas non plus des ressources de base nécessaires à leur survie dans les petits fragments restants, telles qu'une nourriture suffisante et des endroits pour construire des nids, et tendent également à disparaître (MMA/SBF, 2003).

En ce qui concerne le degré d'isolement, on peut dire que la distance entre un fragment et d'autres fragments ou zones de forêt peut encore affecter le mouvement des animaux. Les fragments proches d'autres zones forestières sont plus susceptibles d'accueillir des immigrants que les fragments très isolés. Cependant, même une petite zone déboisée peut avoir un effet significatif sur le déplacement de certaines espèces (LAURANCE & VASCONCELOS, 2009). Des bandes déboisées de seulement 15 à 100 mètres de large peuvent constituer des barrières au déplacement de diverses espèces, y compris des espèces d'oiseaux de sous-bois (LAURANCE *et al.* 2004).

1 OBJECTIFS

1.1 OBJECTIF GÉNÉRAL

- Évaluer l'état de conservation des fragments étudiés en utilisant les guildes trophiques des oiseaux recensés comme bioindicateurs.

1.2 OBJECTIFS SPECIFIQUES

- Corréler les résultats obtenus par les guildes trophiques avec la taille et la forme, l'effet de bord, la matrice adjacente et le degré d'isolement des fragments.

- Recueillir des données sur la richesse des oiseaux dans les zones étudiées, en corrélation avec la qualité des fragments étudiés.

2 MATÉRIEL ET MÉTHODE

2.1 DOMAINE D'ÉTUDE

Cette étude a été réalisée dans quatre fragments forestiers, nommés F1 (20L 401828/9017131) avec environ 335 ha, F2 (20L 400516/9016010) avec environ 217 ha, Les fragments F1, F2 et F3 sont situés sur la rive droite de la rivière Madeira et F4 est situé sur la rive gauche de la rivière Madeira (Figure 4). F1 et F2 sont proches de l'autoroute BR 364, qui relie Porto Velho/RO à Rio Branco/AC (Figure 5 et Figure 6, respectivement) et F3, proche de l'autoroute BR 364, en direction de Cuiabà/MT (Figure 7). Ces trois fragments sont constitués d'une végétation caractérisée par une forêt ombrophile dense submontagnarde. F4 est situé à 5 km de la rive gauche de la rivière Madeira, à proximité de l'autoroute BR 319, en direction de Humaità/AM, à Fazenda Catarina (figure 8). La végétation de ce fragment de forêt se caractérise par une forêt ombrophile ouverte de plaine avec une prédominance de palmiers.

Figure 4 - Image Landsat avec les limites des quatre fragments, Porto Velho, Rondônia, Brésil. Source : www.googleearth.com. Consulté le 10 avril 2013.

Figura 5. Image Landsat avec délimitation du fragment 1 (F1), Porto Velho, Rondônia, Brésil (voir le détail de la route BR 364 à droite de F1). Source : www.googleearth.com. Consulté le 10 avril 2013.

Figura 6. Image Landsat avec délimitation du fragment 2 (F2), Porto Velho, Rondônia, Brésil. Source : www.googleearth.com. Consulté le 10 avril 2013.

Figura 7. Image Landsat avec délimitation du fragment 3 (F3), Porto Velho, Rondônia, Brésil. Source : www.googleearth.com. Consulté le 10 avril 2013.

Figura 8. Image Landsat avec délimitation du fragment 4 (F4), Porto Velho, Rondônia, Brésil. Source : www.googleearth.com. Consulté le 10 avril 2013.

2.2 MÉTHODES

L'étude a été réalisée entre janvier et février 2013. Au cours de cette période, non seulement les zones situées à l'intérieur des fragments de forêt ont été échantillonnées, mais également leurs lisières.

La méthode utilisée est celle des " points d'observation ", qui consiste à observer les oiseaux se produisant au point étudié par des enregistrements auditifs et visuels, l'observateur restant fixé au point et recueillant les données dans un intervalle de temps prédéterminé (BIBBY *et al.*, 2000 ; RALPH *et al.*, 1995 ; RALPH & SCOTT, 1981).

L'application de cette méthode a permis d'établir un réseau de points dans l'habitat étudié, où l'observateur est resté 20 minutes à chaque point le matin et en fin d'après-midi, enregistrant toutes les espèces vues et entendues, comme indiqué par Alexandrino (2010).

L'un des avantages de cette méthode est qu'il est facile de standardiser le nombre d'unités d'échantillonnage, c'est-à-dire de points, à répartir dans un environnement hétérogène (ALEXANDRINO, 2010).

Un autre avantage est que, selon Reynolds *et al.* (1980), un observateur placé à un point fixe a plus de temps pour observer les oiseaux et ne perd pas de temps à regarder le sol lorsqu'ils se déplacent, ce qui est très important lorsqu'il s'agit d'une végétation haute et dense ou d'un terrain accidenté. Alexandrino (2010) affirme également que cette méthode donne à l'observateur une plus grande chance de contact visuel et auditif avec les espèces d'oiseaux qu'un observateur à pied.

L'étude des populations d'animaux sauvages est difficile car aucune méthode d'étude n'est adaptée à tous les types d'habitats et d'objectifs, chacun ayant ses propres limites (ANJOS, 2006 ; ANTUNES, 2005 ; BIBBY, 1992). C'est pourquoi, afin de compléter cette méthode, des promenades ont été effectuées le long des sentiers et des voies d'accès proches des lisières.

L'effort d'échantillonnage a duré 14 jours, totalisant 112 heures effectives d'observation. Quinze points ont été prélevés chaque jour, en se limitant aux temps de marche à proximité des lisières. Ainsi, 210 échantillons de 20 minutes ont été prélevés, les points d'échantillonnage étant considérés comme indépendants, espacés d'au moins 100 mètres et répartis de manière aléatoire le long des sentiers et des routes d'accès. Les observations ont eu lieu le matin entre 6h00 et 11h30 et l'après-midi entre 15h30 et 19h30, lorsque les oiseaux sont les plus actifs, ce qui facilite leur détection. Une paire de jumelles Nikon 10x42 Monarch 3 All Terrain a été utilisée pour observer les oiseaux. Les espèces non identifiées directement sur le terrain ont été photographiées lorsque cela était possible et leurs vocalisations ont été enregistrées pour une analyse ultérieure, comme le propose Parker (1991).

Les photographies et les enregistrements ont été réalisés avec un appareil photo numérique Canon Powershot Sx10. Les vocalisations enregistrées ont ensuite été comparées aux fichiers sonores disponibles dans la base de données en ligne Xeno-Canto (www.xeno-canto.org ; 2012), afin d'identifier correctement les espèces. Les sources suivantes ont été utilisées pour clarifier l'identification de certaines espèces : Sick (1997) ; Sigrist (2008) ; Perlo (2009) ; Gwynne *et al.* (2010), ainsi que l'aide de spécialistes expérimentés.

Les critères et acronymes suivants ont été utilisés pour standardiser les enregistrements sur le terrain : OBS : Observation (oiseaux identifiés par simple observation) ; VOC : Vocalisation (oiseaux identifiés par vocalisation) ; FOT : Photographie ; GRA : Enregistrement de vocalisation (vocalisation enregistrée pour une identification ultérieure et pour documenter l'enregistrement).

La nomenclature et l'ordre taxonomique utilisés dans ce travail sont conformes à ceux recommandés par le Comité brésilien des registres ornithologiques (CBRO, 2011).

2.2.1 Guildes trophiques et types d'environnements

Les espèces ont été caractérisées par leurs guildes trophiques et leur distribution dans les environnements, et leurs habitudes alimentaires ont été confirmées dans la littérature spécifique (DARIO, 2009 ; DARIO, 2008 ; SICK, 1997 ; WILLIS, 1979). Les guildes trophiques suivantes ont été considérées : carnivore : se nourrissant de gros insectes, de petits et de gros vertébrés ; détritivore : se nourrissant d'animaux morts ; frugivore : se nourrissant principalement de fruits ; granivore : se nourrissant de graines ; insectivore : se nourrissant principalement d'insectes qui peuvent être capturés au sol, dans l'air entre la végétation et sur l'écorce des arbres ; nectarivore : se nourrissant principalement de nectar ; omnivore : se nourrissant de fruits, de graines, d'arthropodes et de petits vertébrés ; piscivore : se nourrissant de poissons (SCHERER, 2005). Les guildes les plus sensibles aux perturbations environnementales seront prises en compte tout au long de la discussion en fonction de la littérature la plus récente.

Les catégories de milieux suivantes ont été utilisées : aquatique (cours d'eau, marécages et plans d'eau), lisière de forêt, couvert arboré/sous-étage, sous-étage et pâturage.

2.2.2 Facteurs affectant la conservation des oiseaux dans les fragments de forêt

2.2.2.1 Effet de bord

Dans cette étude, l'effet de lisière sera considéré comme ayant une influence sur le fragment étudié avec : peu d'intensité, une intensité moyenne ou une grande intensité, suivant les recommandations du travail réalisé avec les groupes d'oiseaux dans la région amazonienne (SILVA *et al.*, 2012).

Selon la méthode proposée dans cette étude, en utilisant l'outil de marquage du périmètre et de calcul de la surface du logiciel Google Earth Pro, la surface totale des fragments a été estimée, puis la surface éventuellement affectée par l'effet de bord, c'est-à-dire uniquement les parties des fragments situées à moins de 400 mètres d'un bord.

2.2.2.2 Taille

Conformément aux recommandations d'Uezu (2006), la taille des fragments sera prise en compte dans cette étude : Petit, lorsque la superficie est inférieure à 100 ha, moyen, lorsque la superficie est inférieure à 250 ha et grand, lorsque la superficie est supérieure à 250 ha.

1.1.1.1 Format

Dans cette étude, les catégories de forme suivantes seront prises en compte : ovale pour la forme la plus proche d'une forme circulaire et allongée pour la forme la plus proche d'une forme rectangulaire. En outre, le degré d'invagination des fragments sera classé subjectivement selon les critères suivants : Non invaginé (ceux dont les bords sont réguliers), peu invaginé (ceux dont les bords présentent peu d'irrégularités) et très invaginé (ceux dont les bords sont très irréguliers) selon le MMA (2003).

2.2.2.4 Matrice

Les types de matrice suivants seront considérés dans cette étude : pâturage, labour et zone urbaine (HAYES, 1995 ; GIMENES & ANJOS, 2003 ; LAURANCE & VASCONCELOS, 2009).

2.2.2.5 Degré d'isolation

A l'instar de Laurance *et al.* (2004), cette étude considérera les catégories suivantes pour déterminer le degré d'isolement : isolé ou non isolé. La distance aux autres fragments sera également prise en compte pour déterminer s'ils sont : Juxtaposés (ceux qui sont connectés à d'autres fragments) ; Proches (fragments distants de moins de 15 mètres) ; Éloignés (fragments distants de plus ou de moins de 15 mètres) (LAURANCE *et al.* 2004).

3 RÉSULTATS

Sur l'ensemble des milieux étudiés, 133 espèces d'oiseaux ont été recensées, réparties dans 31 familles et 19 ordres. Les familles ayant le plus grand nombre d'espèces sont les Thraupidae et les Falconidae (7 espèces chacune), suivies des Picidae (6 espèces) et des Psittacidae, Tinamidae et Columbidae (5 espèces chacune) (Annexe 1).

En analysant chaque fragment individuellement, 19 espèces ont été enregistrées dans F1. Dans cette zone, les familles qui se distinguent par le plus grand nombre d'espèces sont les Falconidae avec trois espèces, suivies par les familles Picidae et Tinamidae avec deux espèces.

Dans la F2, 26 espèces ont été enregistrées, et la famille avec le plus grand nombre d'espèces était Picidae, suivie par Ramphastidae, Bucconidae, Thraupidae, Columbidae, Charadriidae, Psittacidae et Tinamidae, chacune avec deux espèces enregistrées.

Dans la zone F3, 42 espèces d'oiseaux ont été recensées. La famille des Psittacidae s'est distinguée dans cette zone, avec près de 12 % des espèces recensées.

Dans la zone F4, 46 espèces ont été enregistrées. Dans cette zone, la famille qui se distingue par le plus grand nombre d'espèces est celle des Thraupidae, qui représente près de 15% du nombre total d'espèces recensées dans cette zone.

Les guildes trophiques les mieux représentées sont les omnivores et les insectivores, toutes deux avec 24% du total des espèces enregistrées dans tous les fragments analysés. Les frugivores et les carnivores sont également bien représentés dans tous les fragments, avec respectivement 21% et 18% du total des espèces recensées. En revanche, les détritivores, les granivores, les nectarivores et les piscivores sont les moins représentés (graphique 1).

Graphique 1. Pourcentage moyen de représentation des différentes guildes trophiques enregistrées dans les quatre fragments étudiés.

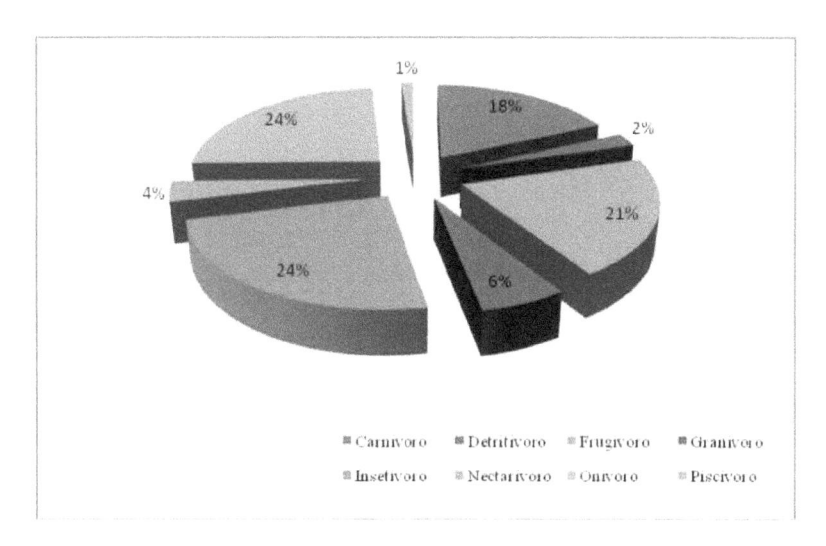

[Pie chart with segments: 18%, 2%, 21%, 6%, 24%, 4%, 24%, 1%. Legend: Carnivoro, Detritivoro, Frugivoro, Granivoro, Insetivoro, Nectarivoro, Onivoro, Piscivoro]

En analysant les guildes trophiques des fragments séparément, nous avons en F1 les insectivores et les frugivores comme guildes les plus représentatives de cette zone, avec plus de 60 % du total des espèces appartenant à ces deux guildes. La guilde des carnivores se distingue également, avec 21 % des espèces enregistrées dans ce fragment.

Graphique 2. Pourcentage moyen de représentation des différentes guildes trophiques enregistrées dans F1.

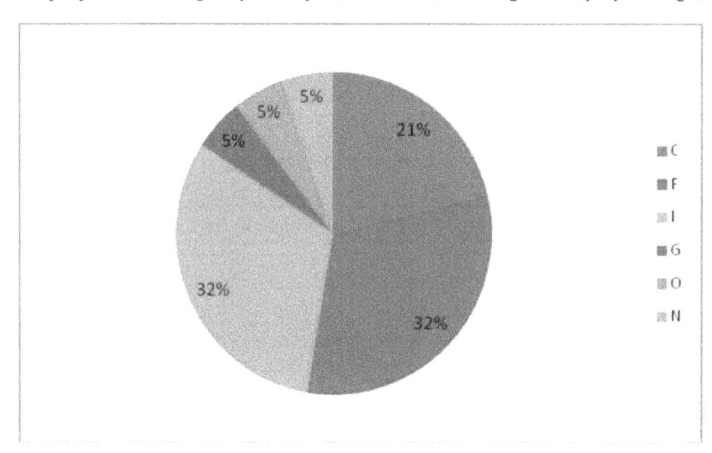

[Pie chart with segments: 21%, 32%, 32%, 5%, 5%, 5%. Legend: C, F, I, G, O, N]

Dans F2, les guildes les plus représentatives sont les omnivores et les insectivores, toutes deux avec 27 %, suivies par les frugivores avec 23 % des espèces recensées dans cette zone.

Graphique 3. Pourcentage moyen de représentation des différentes guildes trophiques enregistrées dans F2.

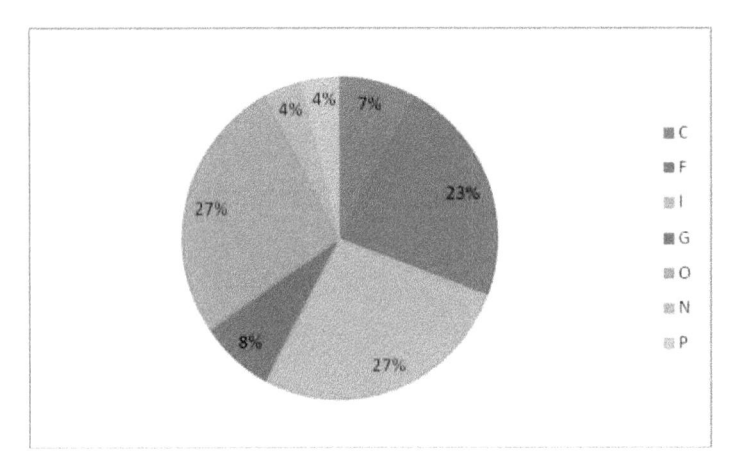

Lors de l'analyse de F3, les insectivores étaient la guilde la plus représentative, avec 31% des espèces totales dans ce fragment, suivis par les frugivores, avec 24% des espèces.

Graphique 4. Pourcentage moyen de représentation des différentes guildes trophiques enregistrées dans F3.

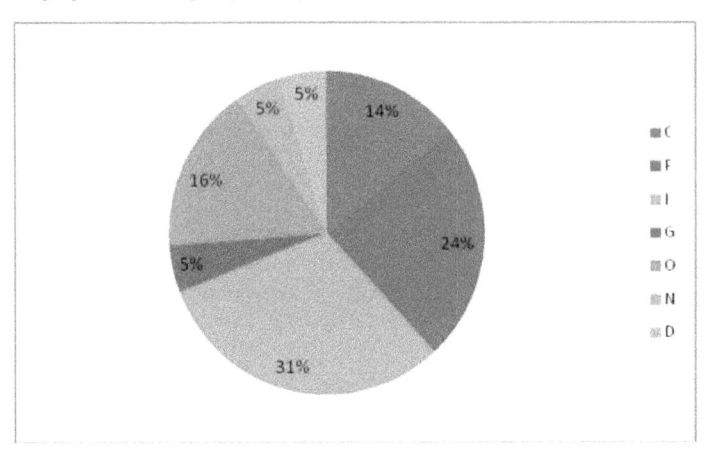

Dans la zone F4, les omnivores se distinguent, représentant 28 % de toutes les espèces de cette zone. La guilde des insectivores se distingue également, avec 26 %.

Graphique 5. Pourcentage moyen de représentation des différentes guildes trophiques enregistrées dans F4.

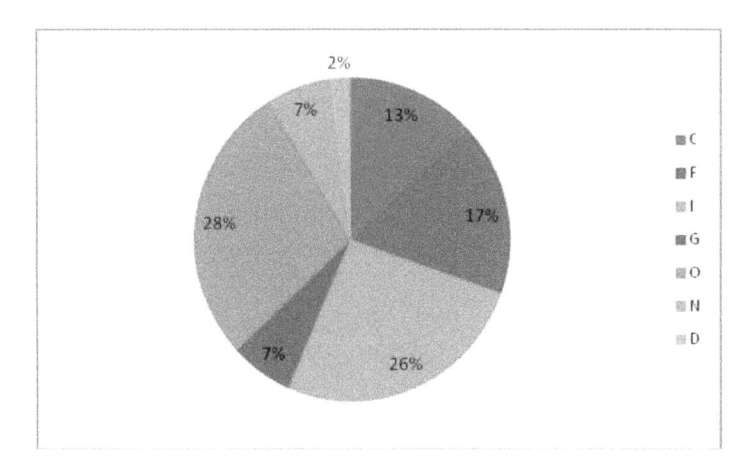

3.1 Facteurs affectant la conservation des oiseaux dans les fragments de forêt

L'analyse des facteurs qui, ensemble, influencent la qualité de l'environnement, tels que la taille, la forme, la matrice adjacente et le degré d'isolement des fragments, a permis d'observer les résultats suivants :

3.1.1 Effet de bord

En analysant F1, on constate que ce milieu souffre probablement beaucoup de l'influence de l'effet de bord, puisque seuls 10,69 ha des 335 ha peuvent probablement être considérés comme une zone correctement préservée.

Dans l'analyse de F2, il a été observé que l'ensemble du fragment souffre probablement de l'effet de bord, un facteur aggravé par la ligne de transmission construite à la suite de la construction des barrages hydroélectriques, traçant une ouverture d'environ 15 mètres de large, augmentant ainsi la zone de contact entre un habitat naturel et un habitat anthropisé.

Dans l'analyse F3, il a été observé que cette fraction souffre probablement beaucoup de l'influence de l'effet de bord, et sur les 538 ha, seuls 23,50 ha peuvent probablement être considérés comme une zone correctement préservée, c'est-à-dire une zone dont la végétation est plus proche de l'originale.

Lors de l'analyse de F4, il a été constaté que, comme pour F2, l'ensemble du fragment souffre probablement de l'effet de bord. Dans ce cas, il est probable que le facteur aggravant soit dû aux différentes clairières qui s'y trouvent, causées par l'extraction de bois et de gravier.

3.1.2 Taille du fragment

La taille du fragment est un autre facteur important pour la survie des populations d'oiseaux, et plus le fragment est petit, plus l'influence des facteurs externes, tels que l'effet de lisière, est grande (MMA, 2003).

En outre, le simple fait de réduire l'habitat entraîne également un déclin des populations, car certaines espèces ont besoin de vastes zones pour survivre. [2]Un exemple classique est celui de l'aigle harpie, *Harpia harpyja*, dont on estime qu'il a besoin d'une zone de 100 à 200 km de forêt préservée pour survivre (LAURENCE & VASCONCELOS, 2009 ; SICK, 1997).

F1, F3 et F4 ont été considérés comme de grands fragments car leurs superficies sont supérieures à 250 ha. Ainsi, seul F2 a été considéré comme moyen, car sa superficie est inférieure à 250 ha. Dans cette étude, aucun fragment n'a été considéré comme petit, car aucun d'entre eux n'a une superficie inférieure à 100 ha.

3.1.3 Format des fragments

En analysant la forme des fragments, nous avons constaté que F1 et F3 sont plus proches de la forme rectangulaire, qui n'est pas considérée comme idéale, car le centre des zones est plus proche des bords et, par conséquent, moins protégé des facteurs externes (figure 5 et figure 7, respectivement). F2 et F4, en revanche, ont des formes plus proches de la forme ovale, qui est considérée comme la forme recommandée car, contrairement à la forme plus proche du rectangle, les fragments ayant cette forme ont le centre de la zone plus éloigné des bords et, par conséquent, sont mieux protégés contre les facteurs externes, tels que l'effet de bord (figure 6 et figure 8, respectivement).

3.1.4 Distance entre les fragments et degré d'isolement

Lors de l'analyse de la distance entre les fragments et du degré d'isolement, F1 et F2 ont été considérés comme éloignés par rapport à d'autres fragments plus proches et ont donc également été classés comme isolés, étant donné que, selon Laurance *et al.* (2004), des bandes déboisées de seulement 15 à 100 m de large peuvent constituer des barrières pour le déplacement de diverses espèces d'oiseaux, et que les deux fragments sont entourés d'ouvertures de plus de 15 m de large. F3 et F4, en revanche, sont reliés à d'autres fragments par des bandes de végétation indigène, dont la largeur varie de 754 à 2 454 mètres, c'est-à-dire qu'ils ne sont pas isolés, ce qui permet le flux d'individus entre les fragments, empêchant probablement une réduction de la variabilité génétique de ces populations.

3.1.5 Matrice adjacente

Dans cette analyse, il a été observé que le type de matrice adjacent à tous les fragments était un pâturage. Ce type de matrice étant très différent de l'environnement original des fragments, il est possible que de nombreuses espèces soient incapables de traverser cette matrice pour aller d'un fragment à l'autre, ce qui les rend plus sujettes à l'extinction locale.

Tableau 3. Facteurs pouvant affecter la conservation de l'avifaune dans les fragments forestiers analysés dans cette étude. Effet de lisière : Intense (INT) ; Taille : Grande (G) et Moyenne (M) ; Forme : Allongée (ALON) et Ovale (OVAL) ; Degré d'invagination de la lisière : Très invaginée (M.I.) ; Non invaginée (N.I.) ; Légèrement invaginée (P.I.) ; Distance entre les fragments : Distant (D) et Juxtaposé (J) ; Degré d'isolement : Isolé (I) ; Non isolé (N.I.) ; Matrice adjacente : Pâturage (P).

	Effet de bord	Taille	Format	Degré d'invagination des	Distance entre les	Degré	Matrice adjacente

				bords	fragments	d'isolation	
F1	INT	G	ALON	M.I.	D	I	P
F2	INT	M	OVAL	N.I.	D	I	P
F3	INT	G	ALON	M.I.	J	N.I.	P
F4	INT	G	OVAL	P.I	J	N.I.	P

4 DISCUSSION

En analysant les fragments séparément, l'avifaune F1 a montré que les frugivores et les insectivores étaient les plus représentés, tous deux avec 32%, suivis par la guilde des carnivores avec 21% du total des espèces enregistrées dans cette zone. La représentation des frugivores, en particulier des grandes espèces (par exemple *Trogon viridis* et *Pteroglossus castanotis)*, dans cette zone d'étude est un facteur important, car les espèces de cette guilde favorisent le maintien des fragments de forêt, étant responsables de la dispersion de 39% à 77% des espèces végétales d'une forêt tropicale, contribuant ainsi à sa conservation (STILES, 1985). En particulier, *Penelope superciliaris* (Jacupemba) appartient également à la guilde des frugivores, un oiseau qui se nourrit au sol et dans le sous-bois. Cette espèce est considérée comme plus sensible à la fragmentation forestière en raison de sa faible capacité de dispersion et de son besoin de vastes zones d'alimentation, de sorte que sa présence dans ce fragment indique que cette zone présente encore une bonne qualité environnementale (DONATELLI *et al.* 2007 ; STOUFFER & BIERREGAARD 1995). Cependant, la présence de cette espèce dans des zones très fragmentées les rend plus sensibles à la pression de chasse ou même à la prédation, ce qui tend vers une extinction locale (PERES, 2001).

En ce qui concerne les insectes, également bien représentés dans ce fragment, bien qu'ils soient considérés par certains auteurs (DARIO, 2010 ; SICK, 1997) comme des espèces généralistes, en raison de leur grande capacité d'adaptation à des environnements modifiés, c'est-à-dire qu'ils sont peu exigeants en termes de ressources environnementales, il convient de souligner la présence de la famille des Picidae, représentée dans cette zone par les pics (*Picumnus aurifrons* et *Melanerpes cruentatus*), Bien qu'ils fassent partie de cette guilde, les oiseaux insectivores qui grimpent sur les troncs et les branches sont considérés comme très sensibles à la fragmentation et s'éteignent rapidement lorsque leur habitat diminue (WILLIS, 1979). La présence de ces espèces dans le fragment étudié indique donc que cette zone présente encore une bonne qualité environnementale.

La présence de carnivores dans ce fragment (ex. *Herpetotheres cachinnans, Falco femoralis, Daptrius ater*) indique la présence d'écosystèmes relativement équilibrés de grande valeur biologique (WILLIS 1979), puisque les espèces carnivores sont très importantes pour l'environnement dans lequel elles résident, sont des prédateurs généralement au sommet de la chaîne trophique, ont également besoin de grandes zones pour se nourrir et sont affectées par la dégradation et par les changements dans l'abondance de leurs proies (ALEIXO, 1999).

Lorsque nous avons comparé les résultats obtenus par l'analyse des guildes trophiques avec les caractéristiques physiques du fragment, nous avons constaté qu'ils n'étaient pas en accord, car, contrairement aux résultats des guildes, les caractéristiques physiques indiquent que le fragment n'est probablement pas de bonne qualité.

Les guildes enregistrées dans F1 sont considérées comme de bons indicateurs de la qualité de l'environnement en raison de la sensibilité de ces espèces aux changements environnementaux.

Cependant, cette sensibilité les rend vulnérables à d'importantes réductions de population, voire à une extinction locale. Cette tendance est due au fait qu'il existe plusieurs facteurs qui interagissent en permanence et qui peuvent affecter directement la conservation de l'avifaune dans ces fragments, dont l'un est l'effet de lisière, un facteur qui peut être aggravé en synergie avec d'autres facteurs, tels que la forme qui, dans ce fragment, n'est pas idéalement présentée. Dans cette étude, il a été observé que 96,81% de cette zone est probablement fortement influencée par l'effet de lisière, si l'on considère le critère de Silva *et al.* (2012) de 400 mètres d'effet de lisière. Les changements créés dans le microclimat de cette zone en raison de ce facteur favorisent l'établissement d'espèces moins exigeantes en termes de ressources environnementales, au détriment de celles qui sont plus exigeantes, ce qui pourrait donner lieu à une communauté d'oiseaux très différente de celle qui était présente auparavant dans le fragment.

La distance entre les fragments et le degré d'isolement qui en découle sont d'autres facteurs qui peuvent contribuer au déclin des populations locales d'espèces sensibles aux changements environnementaux dans cette zone. Lors de l'analyse de la distance entre les fragments et du degré d'isolement, F1 a été catégorisée comme éloignée et donc isolée, ainsi qu'avec une matrice adjacente composée de pâturages. Ces facteurs empêchent le déplacement de plusieurs espèces recensées dans cette zone, comme celles qui ne traversent pas (ou rarement) les zones ouvertes en raison de leur faible capacité de vol et/ou de leurs limites comportementales ou physiologiques (par exemple *Penelope superciliaris* et *Trogon viridis*), ce qui les rend plus sujettes à l'extinction locale.

Lors de l'analyse de F2, nous avons constaté que 54 % des espèces recensées appartenaient aux guildes omnivore et insectivore (27 % chacune), dites synanthropiques, c'est-à-dire des espèces qui étendent leur distribution géographique à mesure que la végétation d'origine est supprimée (DARIO, 2010). La guilde des frugivores est également très présente dans cette zone, avec 23 % des espèces recensées.

Les omnivores représentent des espèces capables de s'adapter à différents régimes alimentaires dans différentes conditions environnementales, ce qui les rend de plus en plus abondantes dans les environnements fragmentés (MOTTA-JÙNIOR, 1990 ; WILLIS, 1979). Selon Sick (1997), ces espèces sont très plastiques en termes d'impacts causés par les activités humaines dans les paysages altérés et ont une grande capacité d'adaptation aux environnements altérés, c'est-à-dire qu'elles sont peu exigeantes en termes de ressources environnementales. Par conséquent, la forte représentativité de cette guilde (*Saltator maximus, Ramphocelus carbo, Cacicus cela, Tyrannus melancholicus, Leptotila rufaxilla, Vanellus chilensis*) dans la zone étudiée peut indiquer une réduction de la qualité de l'habitat, probablement due au niveau élevé d'activité anthropogénique dans la zone.

Les insectivores, comme dans F1, étaient principalement représentés par les Picidae (*Melanerpes candidus, Melanerpes cruentatus* et *Veniliornis affinis*). La guilde des "insectivores des branches et des troncs" est composée d'espèces dont le régime alimentaire est constitué de larves d'insectes trouvées dans les arbres morts encore debout. Selon Sick (1997), ces oiseaux sont considérés comme des spécialistes et ne peuvent être généralisés quant aux habitudes alimentaires de ce groupe. Un milieu où l'on retrouve plusieurs représentants des espèces de ce groupe indique un milieu forestier de bonne qualité. Cependant, il est possible que la plus grande présence d'espèces "insectivores des branches et des troncs" dans ce fragment (par opposition aux frugivores, ce qui est probablement lié à la bonne mobilité de certaines espèces de ce groupe) soit due à la plus grande disponibilité des ressources alimentaires pour les espèces de ce groupe, ce qui n'indique pas nécessairement que ce fragment est de bonne qualité.

En comparant les résultats obtenus à travers les guildes trophiques avec les données obtenues pour les caractéristiques physiques de F2, il a été observé que celles-ci sont largement en accord car elles indiquent probablement la faible qualité de ce milieu. La plupart des espèces appartenant aux guildes recensées dans ce fragment sont considérées comme des généralistes, ces espèces profitent donc des milieux anthropisés. Cependant, dans la guilde des insectivores, la famille des Picidae se distingue comme un indicateur de la bonne qualité de l'habitat. Cependant, on pense que la détection de ces espèces dans cette fraction est due exclusivement à la présence de plusieurs arbres morts encore debout, qui fournissent une grande disponibilité de ressources alimentaires pour ce groupe dans cette zone. En ce qui concerne les frugivores recensés dans cette zone, on pense que cela est dû au fait que, bien que ce fragment soit entouré de pâturages, il y a encore quelques arbres qui peuvent servir de "tremplin" à ces espèces pour se déplacer d'un fragment à l'autre, puisque des espèces comme *Ramphastos tucanus* et *Pteroglossus castanotis* sont des oiseaux de la canopée qui ont une bonne mobilité et peuvent se déplacer plus facilement à travers le paysage modifié et ainsi persister dans les fragments. Par conséquent, la présence de la famille des Picidae et des Ramphastidae n'indique pas nécessairement que le fragment est de bonne qualité.

L'influence de ces facteurs a permis de constater que, bien que ce fragment ait une taille et une forme idéales, il est fortement influencé par l'effet de bord qui, d'après cette étude, affecte probablement 100 % de cette zone. En outre, lors de l'analyse du degré d'isolement, ce fragment a été considéré comme distant par rapport aux autres fragments proches et a donc également été classé comme isolé, un facteur aggravé par le type de matrice adjacente, qui dans ce cas est un pâturage.

Le manque de couverture forestière autour de ces fragments peut représenter une barrière importante pour plusieurs espèces, telles que *Crypturellus cinereus* et *Crypturellus parvirostris*, des oiseaux à faible capacité de vol recensés dans ce fragment. Ces facteurs, qui influencent négativement la qualité de ce fragment, pourraient, avec le temps, provoquer un nouveau déclin de ces espèces, qui réagissent négativement aux changements de l'environnement et pourraient être conduites à l'extinction, ce qui ne serait probablement observé que dans le cadre d'études à long terme.

Dans la F3, la guilde qui se distingue le plus est celle des insectivores (31 %), représentée principalement par des espèces des familles Galbulidae et Dendrocolaptidae. Les espèces de la famille des Galbulidae sont considérées comme peu exigeantes en termes de ressources environnementales. D'autre part, les espèces de la famille des Dendrocolaptidae, ainsi que celles de la famille des Picidae, font partie du groupe des "oiseaux grimpeurs de troncs" et la présence de ces espèces dans le site d'étude, étant donné qu'il ne restait pas beaucoup d'arbres morts dans cette zone, peut indiquer que ces oiseaux n'étaient pas présents uniquement en raison de la grande disponibilité des ressources alimentaires. Par conséquent, la présence de ces espèces dans cette zone peut

indiquent que le milieu est de bonne qualité, car ces espèces sont extrêmement liées aux milieux forestiers et sont celles qui disparaissent le plus rapidement après des perturbations (SOARES & ANJOS, 1999 ; STOUFFER & BIERREGAARD, 1995 ; WILLIS, 1979).

Après les insectivores, la guilde des frugivores se distingue également avec 24 % du total des espèces recensées dans ce fragment. Comme décrit plus haut, les frugivores sont des indicateurs d'un environnement forestier de bonne qualité.

En comparant les résultats obtenus par l'analyse des guildes trophiques et les données relatives aux caractéristiques physiques de F3, on constate qu'ils ne concordent pas, puisque la famille des Dendrocolaptidae a été mise en évidence parmi la guilde des insectivores de ce fragment, du fait qu'il s'agit d'un indicateur de bonne qualité environnementale, puisque les espèces de cette famille ne sont pas présentes dans cette zone exclusivement en raison de la richesse alimentaire, comme cela a déjà été discuté.

La guilde des frugivores est principalement représentée par les familles des Psittacidae et des Ramphastidae, ce qui n'indique pas nécessairement que cet environnement est de bonne qualité. Cependant, des espèces telles que *Trogon viridis, Trogon curucui* et *Querula purpurata*, qui ont également été enregistrées dans cette zone, sont de bons indicateurs de la qualité de l'environnement, du fait que ces espèces sont associées à des environnements bien préservés.

Bien que plusieurs espèces aient été recensées, indiquant que ce fragment peut encore être considéré comme ayant une bonne qualité environnementale, les facteurs qui affectent la conservation de l'avifaune dans les fragments forestiers peuvent changer cette image. Dans cette étude, il a été observé que 95,63 % du fragment peut souffrir de l'influence de l'effet de lisière, qui entraîne divers facteurs diminuant la qualité de ce milieu, dont une augmentation de la luminosité qui affecte négativement les espèces adaptées à l'intérieur ombragé de la forêt. De plus, bien que ce fragment soit considéré comme grand, il n'a pas une forme idéale, ce qui est l'un des principaux facteurs aggravants de l'effet de lisière. Un autre facteur important est que ce fragment, bien que situé au milieu d'une matrice de pâturage, est relié à d'autres fragments par des corridors écologiques, ce qui permet le flux d'individus entre les fragments, empêchant probablement une diminution de la variabilité génétique de ces populations.

Dans F4, la guilde qui se distingue le plus est celle des omnivores (e.g. *Saltator maximus, Ramphocelus carbo, Tangara episcopus, Tangara palmarum* et *Cacicus cela*) comme déjà mentionné dans la discussion des résultats trouvés dans F1. Plusieurs auteurs les considèrent comme des espèces généralistes (MOTTA-JÛNIOR, 1990 ; SICK, 1997 ; WILLIS, 1979), en raison de leur grande capacité d'adaptation à des environnements modifiés, ce qui les rend peu exigeantes en termes de ressources environnementales. Le nombre élevé d'espèces recensées dans ce fragment appartenant à cette guilde est probablement dû au fait que ce milieu a été soumis à une forte activité anthropique et à l'ouverture de plusieurs clairières artificielles en son sein.

Les insectivores sont également très présents dans ce fragment, où la guilde est représentée par des espèces considérées comme peu exigeantes en termes de ressources environnementales (par exemple *Progne tapera, Piaya cayana, Crotophaga ani* et *Nyctiphrynus ocellatus*), selon divers auteurs (MOTTA-JÛNIOR, 1990 ; SICK, 1997 ; WILLIS, 1979). D'autre part, des "insectivores grimpant sur les troncs" ont été enregistrés dans ce fragment, représentés par les familles Picidae et Dendrocolaptidae. Ces groupes sont considérés comme très sensibles à la fragmentation de l'habitat et leur présence indique une bonne qualité de l'habitat (WILLIS, 1979). Comme cela a déjà été discuté, ce fragment est soumis à une forte pression anthropique, mais la présence de ce groupe peut indiquer que cette zone dispose encore des ressources nécessaires pour ces espèces.

En comparant les résultats obtenus par l'analyse des guildes trophiques, nous constatons que la plupart d'entre eux sont cohérents avec les caractéristiques physiques présentées dans F4, puisque les guildes enregistrées dans ce fragment sont celles qui sont peu exigeantes en termes de ressources environnementales, s'adaptant facilement aux zones qui ont subi des changements environnementaux. Cependant, des espèces des familles Picidae et Dendrocolaptidae, considérées comme sensibles aux changements environnementaux, ont été enregistrées. Il est probable que les facteurs affectant la conservation de l'avifaune dans les fragments de forêt entraîneront le déclin, voire l'extinction locale, de ces espèces plus sensibles. Dans cette étude, il a été observé que la taille et la forme de ce fragment sont conformes aux recommandations, mais il est probable que l'ensemble du fragment souffre de l'effet de lisière, un facteur qui peut être aggravé par les différentes clairières qui s'y trouvent, causées par l'extraction de bois et de gravier. Il convient de noter que ce fragment se trouve au milieu d'une matrice formée par des pâturages, mais qu'il est relié à d'autres zones par des corridors écologiques, c'est-à-dire qu'il n'est pas isolé, un facteur qui contribue à la variabilité des gènes des populations présentes dans cet habitat, empêchant peut-être un déclin des espèces.

CONCLUSION

Cette étude a montré qu'il est possible qu'aucun des fragments étudiés n'ait une bonne qualité environnementale, car même dans les fragments où les guildes les plus représentatives étaient celles d'espèces typiques des milieux de sous-étage, ce qui indique une bonne qualité environnementale, ou que la plupart des caractéristiques physiques des fragments étaient d'une certaine manière adaptées à une bonne qualité d'habitat, il n'y a jamais eu de corroboration complète entre ces facteurs.

Cela suggère que, peut-être, dans les fragments où les guildes les plus représentatives indiquent une bonne qualité d'habitat, elles sont ou peuvent être en déclin en raison de divers facteurs qui réduisent la qualité de l'environnement, tels que l'effet de lisière important, les grandes distances entre d'autres fragments, entre autres. À long terme, il pourrait y avoir une réduction de la proportion de ces guildes au détriment d'une augmentation de la proportion des guildes qui indiquent une mauvaise qualité, comme les omnivores.

Il est donc nécessaire de revoir la façon dont les fragments forestiers sont distribués et formés afin qu'ils soient mieux adaptés aux caractéristiques physiques considérées comme favorables à la conservation de l'habitat, par exemple, une grande taille, une faible invagination et des matrices plus proches de la végétation d'origine en tant que corridors écologiques. Il est possible que si la plupart des fragments forestiers près de la ville de Porto Velho présentaient ces caractéristiques, ils seraient plus adaptés à la conservation de l'avifaune locale.

RÉFÉRENCES

ALEIXO, A. Effets de l'exploitation forestière sélective sur une communauté d'oiseaux dans la forêt atlantique brésilienne. *Condor*, 101 : p. 537:548. 1999.

ALEIXO, A. Conservaçao da avifauna da Floresta Atlàntica : efeitos da fragmentaçao e a importância de florestas secundàrias, p. 199-206. In : J. L. B. Albuquerque, J. F. Cândido Jr, F. C. Straube *and* A. L. Roos (eds.) *Ornithology and Conservation - From Science to Strategies*. Tubarao : Unisul. 2001.

ALEIXO, A ; VIELLIARD, J.M.E. Composiçao e dinâmica da avifauna da mata de Santa Genebra, Campinas, Sao Paulo, Brazil. *Revista brasileira de zoologia*, v.12, n.3, p.493- 511. 1995.

ALMEIDA, A. F. Surveillance de la faune et de ses habitats dans les zones forestières. In : *Technical Series*. IPEF, v. 12, n. 31, p. 85-92. 1998.

AMBIENTE BRASIL, Amazônia, a lot of biodiversity and little knowledge. Disponible à l'adresse : <http://ambientes.ambientebrasil.com.br>. Consulté le : janvier 2013. 2013

ANDRADE, F.T de ; FISCH, S.T.V. ; FORTES NETO, P. ; BATISTA, G.T. Avifauna in fragmented tropical forests : indicators of sustainability in Hydroelectric Power Plants. *Repositório Eletrônico Ciências Agràrias, Coleçao Ciências Ambientais*, http://www.agro.unitau.br/dspace. p. 1-11. 2011.

ANGELO, H. ; SA, S. P. P. La déforestation en Amazonie brésilienne. *Ciência Florestal*, Santa Maria, v. 17, n. 3, p. 217-227, jul.-set, 2007.

ANJOS, L. Communautés d'oiseaux dans cinq fragments de forêt atlantique dans le sud du Brésil. *Orn. Neotr.* 12:11-27, 2001 ; BIERREGAARD, R. O. J. ; STOUFER, P. C. Understory birds and dynamic habitat mosaics in Amazonian rainforests. In : LAURENCE, W.F. ; BIERREGAARD, R.O.J. (Org.) Tropical forest remnants : ecology, management, and conservation of fragmented communities. Chicago : University of Chicago Press, 1997. p.138-155. 2001.

ANJOS, L. Sensibilité des espèces d'oiseaux dans un paysage fragmenté de la forêt atlantique du sud du Brésil. *Biotropica*. 32 (2) : 229-234. 2006.

ANTUNES, A.Z. Changements dans la composition de la communauté d'oiseaux au fil du temps dans un fragment de forêt dans le sud-est du Brésil. *Ararajuba* 13 (1):47-61. 2005.

AVISSAR, R., PIELKE, R.A. A parameterisation of heterogeneous land surfaces for atmospheric numerical models and its impact on regional meteorology. *Monthly Weather Review*, 117, 21132136. 1989.

BIBBY, C.J. ; BURGESS, N.D. ; HILL, D.A. Techniques de recensement des oiseaux. *Londres, Academic Press*. 258p. 1992.

BIERREGAARD, R.O. & GASCON, C. The Biological Dynamics of Forest Fragments Project : Overview and History of a Long-Term Conservation Project. Pp. 31-45 *In* : R.O. Bierregaard, C. Gascon, T.E. Lovejoy & R. Mesquita (eds). Lessons From Amazonia : The Ecology and Conservation of a Fragmented Forest. *Yale University Press, New Haven*. 478p. 2001.

COMITÉ DU REGISTRE ORNITHOLOGIQUE BRÉSILIEN, 2011. Listes des oiseaux du Brésil. [a] 10 Edition, 25/1/2011, Disponible sur <http://www.cbro.org.br>. Consulté le : février 2013.

CORLETT, R.T. Environmental heterogeneity and species survival in degraded tropical landscapes. In : M.J. Hutchings, E.A. John & A.J.A. Stewart (eds.). The ecological consequences of environmental heterogeneity. pp. 333-355. *British Ecological Society*, Londres. 2000.

DARIO, F. R. Trófica estrutura da avifauna em fragmentos florestais na Amazônia Oriental. *ConScientiae Saùde*, v. 7, n. 2, p. 169-179. 2008.

DARIO, F. R. Avifauna of Atlantic Forest Fragments in Southern Espírito Santo. *Biotemas*. 23 (3) : p. 105-115. 2010.

DONATELLI, R.J ; FERREIRA, C.D. ; DALBETO, A.C. & POSSO, S.R. Comparative analysis of the bird assemblage in two forest remnants in the interior of the State of Sao Paulo, Brazil. *Revista Brasileira de Zoologia*, 24 : 362-375. 2007.

FEARNSIDE, P.M. Déforestation en Amazonie brésilienne : histoire, taux et conséquences. *Megadiversity*, v.1, n.1, p113-122. 2005.

FEARNSIDE, P. M. Deforestation in Amazonia : Dynamics, Impacts and Control. *Acta Amazônica*. VOL. 36(3) : 395 - 400. 2006.

FERREIRA, G. L. F. Plan de prévention, de contrôle et d'alternatives durables à la déforestation en Rondônia, 2009 - 2015. *Secrétariat d'État au développement environnemental - SEDAM*. 2009.

GASCON, C. ; LAURENCE, W.F. & LOVEJOY, T.E. Forest fragmentation and biodiversity in Central Amazonia. In : *Conservation of biodiversity in tropical ecosystems*. Garay, I & Dias, B. (eds.), Editora Vozes, p : 174-189. 2001.

GIAMBELLUCA, T.W. ; ZIEGLER, A.D. ; NULLET, M.A. ; TRUONG, DM ; TRAN, LT. Transpiration in a small tropical forest patch. *Agricultural And Forest Meteorology* 117 (1-2), 1-2. 2003.

GIMENES, M. R. & ANJOS, L. dos. Effets de la fragmentation des forêts sur les communautés d'oiseaux. Acta Scientiarum. Biological Sciences, 25(2) : 391-402. Goerck, J. M. 1997. Patterns of rarity in the birds of the Atlantic forest region of Brazil. *Conservation Biology*, 11 : 112-118. 2003.

GOOGLE. *Google Earth*. Développé par Google Inc. : Mountain View. 2011. Disponible à l'adresse : < http://earth.google.com>. Consulté le : janvier 2013.

GOOSEM, M. Internal fragmentation : the effects of roads, highways, and powerline clearings on movements and mortality of rainforest vertebrates. Chicago : *The University of Chicago Press*. Chap. 16, p. 241-255. 1997.

GWYNNE J.A. ; MARTHA, A. ; RIDGELY, R.S. ; TUDOR, G. *Oiseaux du Brésil. Pantanal & Cerrado*. Ed. Horizonte. 336p. 2010.

HAYES, F.E. Statut, distribution et biogéographie des oiseaux du Paraguay. Loma Linda : *Université de Loma Linda*. 1995.

HIGGS, A.J. ; USHER, M.B. Should nature reserves be large or small ? *Nature*, London, v. 285, p. 568-569. 1980.

ST, A. Biogéographie et écologie des communautés d'oiseaux forestiers. La Haye : *SPB Academic Publishing*,. chap. 27, p. 387-393. 1990a.

HOLMES, R.T. The structure of a temperate deciduous forest bird communities : variability in time and space. *In* : JAMES, F.C. Relationships between temperate forest bird communities and vegetation structure. *Ecology*, Washington, D.C., v. 63, n. 1, p. 159-171, 1982. 1990b.

IBGE - Institut brésilien de géographie et de statistiques (IBGE), 2013. Disponible à l'adresse : <http://www.ibge.gov.br>. Consulté le : février 2013.

IMAZON - Instituto do Homem e Meio Ambiente da Amazônia. Déforestation et dégradation des forêts dans le biome amazonien (2000 - 2010), p. 2. Belém, Parà, Brésil. 2011.

IMAZON - Institut de l'homme et de l'environnement de l'Amazonie. Boletim Transparência Florestal da Amazônia Legal, Belém, PA - Brésil, p. 12. 2013.

IMAZON - Instituto do Homem e Meio Ambiente da Amazônia. Carte produite par le Centre de géotechnologie d'Imazon (CGI). Belém, Parà, Brésil. 2013.

INPE - Institut national de recherche spatiale. Sao José dos Campos, SP, 2007. Disponible à l'adresse : <http://www.obt.inpe.br/prodes>. Consulté le : février 2013.

INPE - Institut national de recherche spatiale. Sao José dos Campos, SP, 2012. Disponible à l'adresse : <http://www.obt.inpe.br/prodes>. Consulté le : février 2013.

KAPOS, V. Efects of isolation on the water status of forest patches in the Brazilian Amazon. *Journal of Tropical Ecology*, 5, Part-2, 173-185. 1989

LAPS, R.R. Effet de la fragmentation et de l'altération de l'habitat sur l'avifaune de la réserve biologique d'Uma, Bahia. Thèse de doctorat, Université d'État de Campinas, Sao Paulo. 177 p. 2006.

LAURANCE, W.F. & BIERREGAARD R.O. JR. "Preface : A crisis in the making". In : Tropical Forest Remnants : Ecology, Management and Conservation of Fragmented Communities. Laurance, W.F. et Bierregaard R.O. Jr. (eds). *University of Chicago Press*, Chicago, USA. 1997

LAURANCE, S.G. ; STOUFFER, P.C. & LAURANCE,W.F. Effects of road clearings on movement patterns of understory rainforest birds in central Amazonia. *Conservation Biology*, 18 : 1099-1109. 2004.

LAURANCE, W.F. ;   & VASCONCELOS ; H.L. Conséquences écologiques de la fragmentation

forêt en Amazonie. *Oecologia Brasiliensis*, 13(3) : 434-451. 2009.

MACARTHUR, R.H. ; WILSON, E.O. The theory of island biogeography. Princeton : *Princeton University Press*. 203 p. 1967.

MARGULIS, S. Causas do desmatamento da Amazônia brasileira. 1 ªéd. Brasilia : Banque mondiale, 100 p. 2003.

MINISTÈRE DE L'ENVIRONNEMENT - MMA. Fragmentation des écosystèmes : causes, effets sur la biodiversité et recommandations en matière de politiques publiques. Secrétariat de la biodiversité et des forêts (SBF), Brasilia, 510 p. 2003.

MOTTA-JUNIOR, J. C. Structure trophique et composition de l'avifaune de trois habitats terrestres dans la région centrale de l'État de São Paulo. *Ararajuba*, *1* : 65-71. 1990.

PARKER, T.A. On the use of tape recorders in avifaunal surveys. *Auk*, v.108, p. 443-444. 1991.

PERES, C.A. Effets synergiques de la chasse de subsistance et de la fragmentation de l'habitat sur les vertébrés de la forêt amazonienne. *Conservation Biology*, 15 : 1490-1505. 2001.

PÉRICO, E. ; CEMIN, G. ; LIMA, D.F.B. ; REMPEL C. Effets de la fragmentation de l'habitat sur les communautés animales : utilisation de systèmes d'information géographique et de mesures du paysage pour sélectionner des zones appropriées pour les essais. *Anais XII Simpòsio Brasileiro de Sensoriamento Remoto*, Goiânia, Brasil, 16-21, INPE, p. 2339-2346. 2005.

PERLO, B.V. A Field guide to the birds of Brazil. Oxford USA Trade. 465p. 2009.

POULIN, B. ; LEFEBVRE, G. et McNEIL, R. Characteristics of feeding guilds and variation in diets of bird species of three adjacent tropical sites. *Biotropica* 26:187-197. 1994.

REYNOLDS, R. T. *et al.* A variable circular-plot method for estimating bird numbers. *The Condor*, Berkeley, v. 82, p. 309-313. 1980.

ROOT, R.B. The niche exploitation pattern of the bluegray gnatcatcher. *Ecological monographs*, v.37, n.l, p.317350. 1967.

ROBBINS, C.S. Census techniques for forest birds. In : Workshop Management of Southern Forests for Nongame Birds, 1978, Atlanta. Asheville : USDA Forest Service, p. 142-163 (General Technical Report, 14). 1978.

SCHERER, A. ; SCHERER, S. B. ; BUGONI, L. ; MOHR, L.V. ; EFE, M.A. ; HARTZ, S.M. Estrutura trófica da Avifauna em oito parques da cidade de Porto Alegre, Rio Grande do Sul, Brazil, *Ornithologia* 1(1):25-32. 2005.

SIMBERLOFF, D. & DAYAN, T. The guild concept and the structure of ecological communities. *Annual Ver. Ecol. Syst.* 22:115-143. 1991.

SICK, H. *Ornitologia Brasileira*. Rio de Janeiro : Editora *Nova Fronteira*, 912 p. 1997.

SIGRIST, T. *Oiseaux de l'Amazonie brésilienne*. Vinhedo - SP. Éditeur : *Avis Brasilis, 471* p. 2008.

SILVA, J. V. C. ; CONCEIÇÂO, B. S. ; ANCIÂES, M. Use of secondary forests by understorey birds in a fragmented landscape in central Amazonia. *Acta Amazonica*, vol. 42(1) p. 73 - 80. 2012.

SKOLE, D ; TUCKER, C. Tropical Deforestation And Habitat Fragmentation In The Amazon - Satellite Data From 1978 To 1988 (Vol 260, Pg 1909, 1993). *Science* 261 (5125) : 1104-1104. 1993.

SOARES, E. S. & ANJOS, L. dos. Effect of forest fragmentation on trunk and branch climbing birds in the Londrina region, northern Paranà state, Brazil. *Ornitologia Neotropical*, 10 : 61-68. 1999.

STOUFFER, P.C. & R. O. BIERREGAARD JR. 1995. Use of Amazonian forest fragments by understory insectivorous birds : effects of fragment size, surrounding secondary vegetation, and time since isolation. *Ecology* 76:2429-2445.

STILES, F.G. Le rôle des oiseaux dans la dynamique des forêts néotropicales. Pp. 49-59. *In* : Diamond, A. W. & Lovejoy, T. E. (eds.). *Conservation of tropical forest birds*. Publications techniques de l'ICBP. 1985.

TABARELLI, M. ; DASILVA, M.J.C. & GASCON, C. Forest fragmentation, synergisms and the impoverishment of neotropical forests. *Biodiversity and Conservation*, 13 : 1419-1425. 2004.

TERBORGH, J. *et al.* Transitory states in relaxing ecosystems of land bridge islands. In : LAURANCE, W.F. ; BIERREGAARD, R.O. (Ed.) Tropical forest remnants : ecology, management and conservation of fragmented communities. Chicago : *The University of Chicago Press*, ch. 17, p. 256-274. 1997.

UEZU, A. Composiçao e estrutura da comunidade de aves na paisagem fragmentada do Pontal do Paranapanema, SP. 193 p. Thèse de doctorat, Institut des biosciences, Université de São Paulo. 2006.

VIANA, V.M. *et al.* Dynamique et restauration des fragments forestiers dans la forêt humide atlantique brésilienne. *In* : LAURANCE, W.F. ; BIERREGAARD, R.O. (Ed.) Tropical forest remnants : ecology, management and conservation of fragmented communities. Chicago : *The University of Chicago Press*. ch. 23, p. 351-365. 1997.

VIEIRA, L.J.S. ; COSTA, S.S. Melo. da ; OLIVEIRA, C.H. de ; LOPES, M.R.M. ; SILVEIRA, M. 2006. The Sao Francisco stream basin - Rio Branco (AC) : characterisation and anthropogenic impacts. In : Marco Antônio Oliveira (Org.), Socio-participatory research in Western Amazonia, 1 ed. 1 ed. Rio Branco (AC) : EDUFAC - *Editora da Universidade Federal do Acre,* v. 1, p. 216-234.

XENO-CANTO. Xeno-Canto ; la Fondation reçoit un généreux soutien financier du Centre de biodiversité Naturalis. 2013. Disponible à l'*adresse :* <http://www.xeno-canto.org>. Consulté en février 2013.

WARBURTON, N.H. Structure and conservation of forest avifauna in isolated rainforest remnants in tropical Australia. *In* : LAURANCE, W.F. ; BIERREGAARD, R.O. (Ed.) Tropical forest remnants : ecology, management and conservation of fragmented communities. Chicago : *The University of Chicago Press.* ch. 13, p. 190-206. 1997.

WILCOVE, D.S. ; ROBINSON, S.K. 1990. The impact of forest fragmentation on bird communities in Eastern North America. *In* : KEAST, A. Biogeography and ecology of forest bird communities (Ed.) *The Hague : SPB Academic Publishing,* chap. 21, p. 319-331.

WILLIS, E. O. The composition of avian communities in remnant woodlots in southern Brazil. *Papéis Avulsos de Zoologia, 33* : 1-25. 1979.

ANNEXE I

Liste des espèces d'oiseaux recensées dans les milieux étudiés. Guildes trophiques : (C) carnivore, (D) détritivore, (F) frugivore, (G) granivore, (I) insectivore, (N) nectarivore, (O) omnivore, (P) piscivore. Habitats (principaux milieux de présence dans cette étude) : (A) aquatique, (B) lisière de forêt, (C) couvert arboré et sous-étage, (P) pâturage, (S) sous-étage. Enregistrement sur le terrain : OBS : Observation (oiseaux identifiés par simple observation) ; VOC : Vocalisation (oiseaux identifiés par vocalisation) ; FOT : Photographié ; GRA : Enregistrement de vocalisation (vocalisation enregistrée pour une identification ultérieure et pour documenter l'enregistrement). F1 (20L 401828/9017131) ; Fragment situé sur la rive droite de la rivière Madeira, près de l'autoroute BR 364 reliant Porto Velho/RO à Rio Branco/AC ; F2 (20L 400516/9016010) ; Fragment situé sur la rive droite de la rivière Madeira, près de l'autoroute BR 364 reliant Porto Velho/RO à Rio Branco/AC ; F3 (20L 408805/9023889) ; Fragment situé sur la rive droite de la rivière Madeira, près de l'autoroute BR 364, en direction de Cuiaba/MT ; F4 (20L 394495/9035326) ; Fragment situé à 5 km de la rive gauche de la rivière Madeira, près de l'autoroute BR 319, en direction de Humaita/AM, à Fazenda Catarina.

Nom de Τάχοη	Nom populaire	Guilde philosophique	Hâbitat	Enregistrement sur le terrain	F1	F2	F3	F4
TINAMIFORMES Huxley, 1872								
TINAMIDAE Gray, 1840								
Crypturellus cinereus (Gmelin, 1789)	inhambu noir	F	S	GRA			X	X
Crypturellus undulatus (Temminck, 1815)	jacquier	F	S	GRA		X		X
Crypturellus strigulosus (Temminck, 1815)	surveillance de l'inhambu	F	S	GRA	X			
Crypturellus parvirostris (Wagler, 1827)	inhambu-chororó	F	S	GRA	X	X		
Crypturellus tataupa (Temminck, 1815)	inhambu-chinta	F	S	GRA			X	
GALLIFORMES Linné, 1758								
CRACIDAE Rafinesque, 1815								
Pénélope superciliaris Temminck, 1815	jacupemba	F	C	OBS	X			
PÉLÉCANIFORMES Sharpe, 1891								
ARDEIDAE Leach, 1820								
Ardea alba Linné, 1758	grande aigrette	C	A	OBS	X			X
Pilherodius pileatus (Boddaert, 1783)	héron	C	S	FOT		X		
CATHARTIFORMES Seebohm, 1890								
CATHARTIDAE Lafresnaye, 1839								
Cathartes aura (Linné, 1758)	vautour à tête rouge	D	P	FOT		X		
Coragyps atratus (Bechstein, 1793)	vautour à tête noire	D	P	FOT		X	X	
ACCIPITRIFORMES Bonaparte, 1831								
ACCIPITRIDAE Vigors, 1824								
Accipiter poliogaster (Temminck, 1824)	repéré tauató	C	C	FOT	X			
Ictinia plumbea (Gmelin, 1788)	sovi	C	P	FOT		X		
Rupornis magnirostris (Gmelin, 1788)	épervier	C	B	FOT			X	
Buteo nitidus (Latham, 1790)	faucon pèlerin	C	C	FOT			X	X
FALCONIFORMES Bonaparte, 1831								
FALCONIDAE Leach, 1820								
Daptrius ater Vieillot, 1816	faucon pèlerin	C	C	OBS	X			
Ibycter americanus (Boddaert, 1783)	grit	C	C	COV		X		X
Caracara plancus (Miller, 1777)	caracarà	C	B	FOT		X		
Herpetotheres cachinnans (Linné, 1758)	acauã	C	B	FOT		X	X	
Falco sparverius Linné, 1758	kiriquiri	C	P	FOT		X		
Falco rufigularis Daudin, 1800	kayak	C	B	FOT				X
Falco femoralis Temminck, 1822	buse à collier	C	B	FOT	X			
GRUIFORMES Bonaparte, 1854								
RALLIDAE Rafinesque, 1815								
Porphyrio martinica (Linné, 1766)	poulet d'eau bleue	O	A	OBS		X		
CHARADRIIFORMES Huxley, 1867								
CHARADRIIi Huxley, 1867								
CHARADRIIDAE Leach, 1820								
Vanellus chilensis (Molina, 1782)	chérot	O	A	OBS	X			
SCOLAPACI Steijneger, 1885								
SCOLAPACIDAE Rafinesque, 1815								

Tringa solitaria Wilson, 1813	bécasseau solitaire	O	A	FOT	X		X
JACANIDAE Chenu & Des Murs, 1854							
Jacana jacana (Linnaeus, 1766)	jacquier	O	A	FOT	X		
COLUMBIFORMES Latham, 1790							
COLUMBIDAE Leach, 1820							
Columbina passerina (Linné, 1758)	tourterelle grise	G	P	FOT		X	X
Columbina talpacoti (Temminck, 1811)	tortue colombe	G	P	OBS	X		X
Patagioenas speciosa (Gmelin, 1789)	colombe trompette	O	B	FOT			X
Patagioenas cayennensis (Bonnaterre, 1792)	pigeon ramier	O	B	FOT			X
Leptotila rufaxilla (Richard & Bernard, 1792)	méduse	O	S	GRA	X		
PSITTACIFORMES Wagler, 1830							
PSITTACIDAE Rafinesque, 1815							
Ara macao (Linné, 1758)	araracanga	F	C	OBS		X	X
Ara chloropterus Gray, 1859	grand ara écarlate	F	C	OBS		X	X
Aratinga weddellii (Deville, 1851)	perruche à tête sale	F	C	FOT	X	X	X
Brotogeris cyanoptera (Pelzeln, 1870)	perruche à ailes bleues	F	C	OBS		X	X
Amazona ochrocephala (Gmelin, 1788)	perroquet des champs	F	C	FOT	X	X	
CUCULIFORMES Wagler, 1830							
CUCULIDAE Leach, 1820							
Piaya cayana (Linnaeus, 1766)	âme de chat	I	P	FOT	X		X
CROTOPHAGINAE Swainson, 1837							
Crotophaga ani Linné, 1758	anu noir	I	P	OBS		X	X
STRIGIFORMES Wagler, 1830							
STRIGIDAE Leach, 1820							
Megascops choliba (Vieillot, 1817)	chouette effraie	C	B	GRA			X
Strix huhula Daudin, 1800	chouette noire	C	S	FOT		X	
Athene cunicularia (Molina, 1782)	chouette des terriers	I	P	FOT	X	X	X
CAPRIMULGIFORMES Ridgway, 1881							
CAPRIMULGIDAE Vigors, 1825							
Nyctiphrynus ocellatus (Tschudi, 1844)	bacurau ocellé	I	B	FOT			X
APODIFORMES Peters, 1940							
TROCHILIDAE Vigors, 1825							
PHAETHORNITHINAE Jardine, 1833							
Phaethornis philippii (Bourcier, 1847)	le cerf de Virginie jaune	N	S	OBS		X	X
TROCHILINAE Vigors, 1825							
Thalurania furcata (Gmelin, 1788)	fleur de ciseaux verte	N	B	FOT	X	X	X
Heliomaster longirostris (Audebert & Vieillot, 1801)	bec gris-noir	N	B	FOT		X	X
TROGONIFORMES A. O. U., 1886							
TROGONIDAE Lesson, 1828							
Trogon viridis Linné, 1766	chouette tachetée à ventre jaune	F	C	FOT	X	X	X
Trogon curucui Linné, 1766	tamarin à ventre rouge	F	C	FOT		X	
CORACIIFORMES Forbes, 1844							
ALCEDINIDAE Rafinesque, 1815							
Chloroceryle amazona (Latham, 1790)	martin-pêcheur vert	P	A	FOT		X	
GALBULIFORMES Fürbringer, 1888							
GALBULIDAE Vigors, 1825							
Brachygalba lugubris (Swainson, 1838)	oseille noire	I	B	GRA		X	
Galbula ruficauda Cuvier, 1816	ananas à queue rouge	I	S	GRA		X	
Galbula dea (Linné, 1758)	ariramba-do-paraiso	I	S	FOT		X	X
BUCCONIDAE Horsfield, 1821							
Monasa nigrifrons (Spix, 1824)	cri noir	I	B	FOT		X	X
Monasa morphoeus (Hahn & Küster, 1823)	herbe pleureuse à face blanche	I	S	FOT	X	X	X
Chelidoptera tenebrosa (Pallas, 1782)	petit vautour	I	B	FOT		X	
PICIFORMES Meyer & Wolf, 1810							
RAMPHASTIDAE Vigors, 1825							
Ramphastos tucanus Linné, 1758	toucan à front blanc	F	C	FOT		X	X
Pteroglossus inscriptus Swainson, 1822	martin-pêcheur à bec rayé	F	C	FOT		X	
Pteroglossus castanotis Gould, 1834	Autour des palombes	F	C	FOT	X	X	X
PICIDAE Leach, 1820							

Picumnus aurifrons Pelzeln, 1870	pic nain doré	I	B	FOT	X		
Melanerpes candidus (Otto, 1796)	pic blanc	I	B	FOT	X		
Melanerpes cruentatus (Boddaert, 1783)	bénédictin roux	I	B	FOT	X	X	X
Veniliornis affinis (Swainson, 1821)	pic à tête rouge	I	S	FOT	X		X
Piculus flavigula (Boddaert, 1783)	pic mar	I	S	FOT			X
Campephilus melanoleucos (Gmelin, 1788)	pic à calotte rouge	I	B	FOT		X	
PASSERIFORMES Linné, 1758							
TYRANNI Wetmore & Miller, 1926							
THAMNOPHILIDA Patterson, 1987							
THAMNOPHILIDAE Swainson, 1824							
THAMNOPHILINAE Swainson, 1824							
Thamnophilus doliatus (Linné, 1764)	couvant	I	S	COV	X		
FURNARIIDA Sibley, Ahlquist & Monroe, 1988							
FURNARIOIDEA Gray, 1840							
DENDROCOLAPTIDAE Gray, 1840							
DENDROCOLAPTINAE Gray, 1840							
Glyphorynchus spirurus (Vieillot, 1819)	arapaçu à bec cunéiforme	I	S	FOT		X	X
Xiphorhynchus obsoletus (Lichtenstein, 1820)	pluvier rayé	I	S	FOT		X	X
Dendrocolaptes certhia (Boddaert, 1783)	barré arapaçu	I	S	FOT	X		
TYRANNIDA Wetmore & Miller, 1926							
COTINGOIDEA Bonaparte, 1849							
COTINGIDAE Bonaparte, 1849							
COTINGINAE Bonaparte, 1849							
Lipaugus vociferans (Wied, 1820)	cricrió	F	C	COV	X		X
Querula purpurata (Statius Muller, 1776)	anambé-una	F	C	FOT	X		
TYRANNOIDEA Vigors, 1825							
TYRANNIDAE Vigors, 1825							
TYRANNINAE Vigors, 1825							
Myiarchus tyrannulus (Statius Muller, 1776)	mary janes à queue de rouille	O	B	FOT	X		
Myiozetetes cayanensis (Linné, 1766)	paruline à ailes bleues	O	B	FOT			X
Tyrannus melancholicus Vieillot, 1819	suiriri	O	P	FOT	X	X	X
PASSERI Linné, 1758							
PASSERIDA Linné, 1758							
HIRUNDINIDAE Rafinesque, 1815							
Progne tapera (Vieillot, 1817)	hirondelle de fenêtre	I	P	OBS		X	X
TURDIDAE Rafinesque, 1815							
Turdus albicollis Vieillot, 1818	Collier à bretelles	O	S	GRA	X		
THRAUPIDAE Cabanis, 1847							
Saltator maximus (Statius Muller, 1776)	assaisonnement pour alto	O	B	FOT	X		X
Ramphocelus carbo (Pallas, 1764)	cerf-volant rouge	O	B	OBS	X		X
Tangara velia (Linné, 1758)	jupe en diamant	O	B	FOT			X
Tangara episcopus (Linné, 1766)	Pluvier amazonien	O	B	OBS			X
Tangara palmarum (Wied, 1823)	Bécasseau de cocotier	O	B	OBS			X
Tangara nigrocincta (Bonaparte, 1838)	jupe masquée	O	B	FOT	X		X
Dacnis cayana (Linné, 1766)	jupe bleue	O	B	FOT			X
EMBERIZIDAE Vigors, 1825							
Ammodramus aurifrons (Spix, 1825)	cicadelle des champs	G	P	FOT			X
Sporophila angolensis (Linné, 1766)	curiosité	G	B	OBS	X		
ICTERIDAE Vigors, 1825							
Psarocolius bifasciatus (Spix, 1824)	japuaçu	O	B	FOT		X	
Cacicus cela (Linné, 1758)	châle	O	B	OBS	X	X	X
Sturnella militaris (Linné, 1758)	police-ingles-du-nord	G	P	FOT	X	X	

ANNEXE II

Trogon viridis (Surucuá-grande à ventre jaune) ; Photo : Ângela Dias

Pteroglossus castanotis (Araçari brun) ; Photo : Ângela Dias

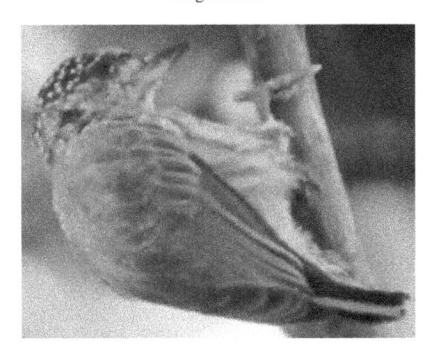

Picumnus *aurifrons* (Pic nain doré) ; Photo : Ângela Dias

Melanerpes cruentatus (Benoît à front roux) ; Photo : Ângela Dias

Amazona ochrocephala (perroquet des pampas) ; Photo : Ângela Dias

Aratinga weddellii (Perruche des marais) ; Photo : Ângela Dias

Campephilus melanoleucos (Pic à calotte rouge) ; Photo : Ângela Dias

Pilherodius pileatus (Héron) ; Photo : Ângela Dias

Trogon curucui (Surucuá à ventre rouge) ; Photo : Ângela Dias

Herpetotheres cachinnans (Acauã) ; Photo : Ângela Dias

Crotophaga ani (Anu noir) ; Photo : Ângela Dias

Sturnella militaris ; Photo : Ângela Dias

Cathartes aura (vautour à tête rouge) ; Photo : Ângela Dias

Athene cunicularia (Chevêche des terriers) ; Photo : Ângela Dias

Columbina passerina (Tourterelle grise) ; Photo : Ângela Dias

Tringa solitaria (Bécasseau solitaire) ; Photo : Ângela Dias

Melanerpes candidus (Pic blanc) ; Photo : Ângela Dias

Chloroceyle amazona (Martin-pêcheur vert) ; Photo : Ângela Dias

More Books!

I want morebooks!

Buy your books fast and straightforward online - at one of world's fastest growing online book stores! Environmentally sound due to Print-on-Demand technologies.

Buy your books online at
www.morebooks.shop

Achetez vos livres en ligne, vite et bien, sur l'une des librairies en ligne les plus performantes au monde!
En protégeant nos ressources et notre environnement grâce à l'impression à la demande.

La librairie en ligne pour acheter plus vite
www.morebooks.shop

info@omniscriptum.com
www.omniscriptum.com

OMNIScriptum

Milton Keynes UK
Ingram Content Group UK Ltd.
UKHW031346011224
451755UK00001B/92